CONGRÈS DES SOCIÉTÉS SAVANTES.

DISCOURS

PRONONCÉ PAR M. FALLIÈRES,

MINISTRE DE L'INSTRUCTION PUBLIQUE ET DES BEAUX-ARTS,

À LA SÉANCE GÉNÉRALE DU CONGRÈS,

LE SAMEDI 15 JUIN 1889.

MESSIEURS,

L'an dernier, en présidant à la clôture de vos travaux, mon honorable prédécesseur terminait son discours par l'éloge applaudi d'un savant illustre, d'un écrivain rare entre tous, auquel il apportait une des plus hautes distinctions que l'État réserve à ceux qui honorent le pays. Il m'est particulièrement doux de commencer mon discours par où mon ami, M. Lockroy, finissait le sien, et d'apporter à M. Renan le témoignage renouvelé de notre sympathie pour sa personne, de notre admiration pour son talent, mélange unique d'érudition et de finesse, de sens critique et d'imagination, de philosophie et de poésie. Est-ce à l'érudit, au philosophe, au poète que doit aller, de préférence, mon hommage? Souffrez qu'il s'adresse surtout, cette fois, au plus charmant des causeurs.

En vous écoutant, cher maître, les provinciaux découvraient des raisons nouvelles d'aimer la province. Les Parisiens regrettaient presque d'être de Paris. De tout temps, ceux que la vie des cités

emporte dans son tourbillon ont soupiré après le doux loisir et la paix de la campagne. Mais le repos a, lui aussi, sa lassitude, et il arrive un moment où l'on regrette la fièvre de la ville. Si, par un malheur dont Paris ne se consolerait pas, vous fixiez votre séjour définitif aux environs de Tréguier, êtes-vous bien sûr que vous n'auriez jamais la nostalgie du Collège de France ? En homme habile que vous êtes, vous vous gardez bien de soutenir une thèse absolue : vous n'opposez point la province à Paris ; vous les conciliez ; vous les complétez, en quelque sorte, l'une par l'autre. Vous savez que ce que la province élabore, Paris excelle à le mettre en valeur. Paris, d'ailleurs, ne demande à personne le sacrifice de son originalité native. On peut, vous le savez, rester un grand Celte en devenant un Parisien accompli. On peut être un merveilleux artiste et refléter pourtant en son âme l'infini de l'Océan au bord duquel on a grandi.

Si la province avait perdu ses titres, vous les auriez retrouvés. En tout cas, vous les avez rajeunis.

Voyez combien sont nombreuses ces sociétés savantes, qui de tous les points du territoire nous envoient le tribut de leur labeur. La vie intellectuelle est partout. Partout aussi, pour seconder cet heureux développement de forces qui pourraient s'ignorer, nous avons multiplié les bibliothèques, les laboratoires, les chaires nouvelles, tous les instruments de travail, toutes les sources de science. Nous avons largement semé et déjà la moisson s'annonce pleine de promesses.

Mais ce que nous attendons de l'avenir ne saurait nous faire oublier ce que nous donne le présent. J'ai eu le grand honneur de me rencontrer une autre fois avec vous, Messieurs. Je vous retrouve aujourd'hui aussi vivants, aussi passionnément épris de la vérité, plus chargés de conquêtes qu'en 1884.

Vous fouillez le sol, vous explorez les ruines, vous examinez minutieusement nos dépôts scientifiques. Rien n'échappe à votre

patiente perspicacité, et vos recherches n'éclairent pas seulement tous les jours davantage le passé de notre pays, elles aident à reconstituer l'histoire générale. De leur côté, vos collègues des Sociétés des Beaux-Arts dressent l'inventaire complet des richesses artistiques de notre pays, veillent à la conservation des chefs-d'œuvre nationaux, préservent de l'oubli la mémoire des artistes de nos anciennes provinces, préparent, en un mot, les éléments d'une histoire définitive de l'art français. L'édifice immense auquel chacun apporte sa pierre se dresse aujourd'hui sur des assises désormais indestructibles. Le sol de la France n'offre plus à certains d'entre vous un champ qui suffise à leur active curiosité. C'est de vos Sociétés que partent le plus souvent ces hardis voyageurs qui marchent sur les pas de nos armées et qui, à l'ombre de notre drapeau, vont demander leurs secrets à des civilisations disparues. C'est vous qui avez donné à la France plusieurs de ces missionnaires de la science qui, dans des régions jusque-là impénétrées, ont renouvelé, par la seule force de leur ascendant moral et de leur indomptable énergie, les exploits des grands explorateurs du xve et du xvie siècle.

M. Savorgnan de Brazza fait la conquête pacifique du Congo.

La Tunisie livre lentement l'histoire de son passé à des chercheurs tels que MM. Cagnat, Salomon Reinach, Saladin, Babelon, Hamy, Teisserenc de Bort; à des savants infatigables, comme MM. Cosson et de la Blanchère. Longtemps encore, nous l'espérons, nous pourrons admirer sur l'antique terre de Carthage cette fraternité touchante de nos érudits et de nos soldats, tous également désintéressés, tous également dévoués, à des titres divers, à la gloire de la Patrie.

Pendant que, à l'autre bout de l'Afrique, MM. Grandidier et Cattat prennent, au nom de la science, possession de Madagascar, et que le lieutenant Caron montre notre drapeau à Tombouctou, en Égypte, la mission archéologique du Caire maintient le bon

renom de la France sur une terre que nos savants sont habitués depuis longtemps à ne pas regarder comme une terre étrangère.

En Asie, MM. Bonvalot et Capus explorent le Pamir ; MM. Deflers et l'abbé Delavay étudient la flore de l'Yémen et du Yunnam ; MM. Néis, Pavie, Aymonier, Delaporte, Fournereau, déchirent, l'un après l'autre, les voiles qui nous cachent la civilisation, jusqu'à présent mystérieuse, de l'Extrême Orient.

Qui ne connaît les admirables découvertes de MM. de Sarzec et Dieulafoy ? Pour ne parler que des découvertes plus récentes de celui-ci, qui ne sait quelles richesses il a exhumées du tumulus de Suze, quelles lumières nouvelles il nous a données sur l'art iranien, sur le rôle important qu'y joue la décoration émaillée, sur toute cette plastique de la Perse dont le Musée du Louvre possède, seul, grâce à lui et à ses nobles compagnons, les plus remarquables échantillons ? Et, comme nous sommes Français, il ne nous déplaît pas que ces recherches aient été animées par le vaillant sourire d'une femme française.

Ai-je besoin d'ailleurs d'insister sur des résultats dont chacun peut constater la grandeur, en parcourant à l'Exposition soit le Palais des Arts libéraux, soit le Palais des Beaux-Arts ? Quels témoignages plus éclatants de notre vitalité intellectuelle dans tous les domaines de l'art et de la science !

Mais que l'orgueil légitime des progrès accomplis ne nous rende pas injustes pour ceux qui les ont préparés : qu'il soit inséparable de la reconnaissance que nous devons à nos morts ; en leur apportant, chaque année, le tribut de nos hommages, nous ne faisons que payer une dette.

Le plus illustre d'entre eux, M. Chevreul, avait survécu à son œuvre, et, au cours de sa vie plus que séculaire, il était entré paisiblement dans l'immortalité. Ce grand vieillard, attardé à la fin de notre siècle, fortune singulière, n'avait pas vu disparaître sa popularité. Était-ce simplement l'effet d'une longévité prolongée

au delà des bornes les plus reculées de la vie? Il y avait là, sans doute, de quoi expliquer la curiosité, imposer le respect, mais non perpétuer la renommée. La vérité, c'est qu'à la majesté du vieillard s'ajoutait celle du savant, de l'inventeur, du créateur. Bien peu, parmi ceux qui l'admiraient de confiance, avaient des données précises sur les découvertes auxquelles il avait attaché son nom. On savait cependant qu'il avait fait naître une des principales industries de notre temps et déterminé un mouvement commercial, dont les anciens déjà disparus avaient été les témoins. Dans le monde de la science, on n'oubliera pas que cet évocateur de la lumière a voulu lui consacrer ses principales études et que ses travaux sur les « Cercles chromatiques » et sur le « Contraste simultané et rotatif des couleurs » ont été le signal de nombreux perfectionnements dans la fabrication lyonnaise ainsi qu'à la manufacture nationale des Gobelins. C'est par le côté industriel de ses découvertes que M. Chevreul avait conquis la faveur des classes ouvrières, et le peuple s'inclinait avec une sorte de piété souriante devant « le doyen des étudiants de France », devant ce travailleur infatigable, dans lequel il saluait, au passage, un grand homme de bien. Cet ancêtre a tenu une grande place à l'Académie des sciences et au *Journal des Savants*. Mais le Muséum où il était entré en 1830, et à qui ses petits-fils, mus par la plus généreuse pensée, ont laissé ses manuscrits et ses livres, est certainement le lieu où son souvenir laissera les traces les plus profondes. C'est là qu'il s'était retiré, ce doux penseur datant de l'autre siècle; c'est là qu'il attendait ses derniers jours dans cette paix sereine que communique à l'âme la conscience parfaite de tous les devoirs scrupuleusement accomplis.

Tandis que la mort semblait l'avoir oublié, elle tranchait en pleine fleur d'autres existences, d'autres renommées à qui paraissait assuré un long avenir.

Qui n'a présente encore à l'esprit la fin tragique d'Abel Ber-

gaigne? L'École des Hautes-Études, la Sorbonne, où il a inauguré l'enseignement du sanscrit, l'Institut qui l'a bientôt accueilli savent quelle perte ils ont faite en le perdant. Ils sont nombreux, ici, ceux qui ont admiré la rigueur de sa méthode, la sincérité de son analyse, la souveraineté de sa raison. Poète presque autant que critique, tantôt il se plaisait à traduire le poème exquis de *Sacountala*, tantôt, au contraire, étudiant et serrant de près le Rig-Véda, l'antique recueil des hymnes brahmaniques, il ne craignait pas de le dépouiller des voiles complaisants dont l'avait enveloppé l'érudition étrangère. Ce noble esprit avait voué sa vie à la recherche de la vérité. Cette vie grave, qui resta toujours assombrie par le souvenir de grandes douleurs intimes, que l'amour passionné du travail a pu consoler, mais jamais guérir, restera, dans nos souvenirs, comme un exemple de haut courage, de dévouement absolu et désintéressé à la science.

Moins tragique a été la fin d'Arsène Darmesteter, mais non moins grand a été le vide qu'il a laissé derrière lui. Lui aussi a été du petit groupe des initiateurs. Il se destinait à la théologie, lorsque, par un heureux hasard, l'étude de l'hébreu le conduisit à l'étude du vieux français. Ces langues romanes, pour lesquelles MM. Gaston Paris et Paul Meyer avaient tant fait déjà, il s'y voua avec une telle ardeur qu'à trente et un ans il occupait une maîtrise de conférence créée pour lui à la Sorbonne, et que pour lui encore, peu d'années après, on créait une chaire d'histoire de la langue française. Depuis dix-sept ans, avec son fidèle collaborateur, M. Hatzfeld, il travaillait à un grand dictionnaire de notre langue : c'était là son œuvre maîtresse. A d'autres le soin d'achever le monument! On n'oubliera ni sa simplicité, ni sa douceur, ni la supériorité de son esprit unie à la droiture de son caractère.

Moins jeune que Bergaigne et Darmesteter, Debray est mort en pleine possession de lui-même. Élevé par son labeur persévérant aux plus hautes situations universitaires, choisi entre tous pour

représenter, dans le Conseil supérieur, à côté de M. Boissier, le corps des professeurs de l'École normale, il offrait l'exemple de la plus heureuse union des qualités intellectuelles et des vertus morales. On a dit déjà et l'on redira le mérite original de ses beaux travaux sur le sodium et l'aluminium, sur le platine et les métaux qui l'accompagnent, sur les procédés nouveaux dont il a doté l'industrie. On célébrera sa belle découverte des lois de la dissociation ; M. Sainte-Claire-Deville avait, il est vrai, révélé le phénomène et les conditions physiques qui y président. Mais ce fut l'apport personnel de Debray — et ce sera aussi sa gloire — d'avoir répété les expériences de son maître sur des composés se prêtant aux phénomènes les plus simples et d'avoir donné la formule précise à l'aide de laquelle il est aujourd'hui permis d'expliquer et de mesurer la résistance variable des corps aux lois de la dissociation. Voilà la part du savant, je voudrais faire celle de l'homme : ce grand travailleur était bon. Combien le savent pour l'avoir éprouvé ! Il avait la douceur des forts, le sourire indulgent, où semblaient passer la joie tranquille de la vérité possédée, la paix de la conscience satisfaite.

Ce fut un philosophe, non un savant, qu'Émile Beaussire, enlevé, il y a peu de jours, à l'affection des siens, à la sympathie et à l'estime de tous. Dans sa vie, comme dans celle des savants que je viens de louer, je rencontre les mêmes vertus : le désintéressement, l'enthousiasme des hautes spéculations et des idées généreuses. Oui, cet homme à l'abord froid et timide, à l'âme sincère et grave avait la passion du beau et du bien. Je l'ai vu de près dans nos assemblées délibérantes, où il s'était fait une place enviée. Il s'y montrait plutôt homme de doctrine qu'homme de parti. Fermement dévoué à nos institutions, qu'il a plus d'une fois éloquemment défendues, il attendait, sans impatience, la solution des problèmes politiques et sociaux du développement pacifique et progressif de la liberté. Vous nous avez parlé, Monsieur Renan, de

votre concours d'agrégation. Vous avez omis de nous dire que vous fûtes reçu le premier — ce qui ne surprend personne ; — je ne le rappelle que parce que Beaussire fut reçu le second. Le troisième s'appelait Caro. Cette promotion était destinée à faire bien du chemin dans le monde ! Beaussire resta fidèle à ses brillants débuts. L'auteur de *La Liberté dans l'ordre intellectuel et moral* s'est autant recommandé par la constante élevation d'esprit du penseur que par la candeur d'âme de l'honnête homme.

Vous me pardonnerez, Messieurs, d'avoir donné tant de place à nos morts. Ne vous semble-t-il pas qu'ici plus qu'ailleurs ils doivent être honorés ? Qu'ont-ils fait, sinon continuer l'œuvre des morts d'autrefois, dont ils avaient reçu l'héritage ? et vous-mêmes, qu'êtes-vous, sinon les héritiers de ceux qui viennent de disparaître, les continuateurs naturels de leur œuvre interrompue ? Vous êtes comme les conservateurs attitrés de ces traditions nationales. Gardez-en précieusement le dépôt. Si vous ajoutez quelque chose au patrimoine de gloire, dont s'enorgueillit le pays, vous aurez fait assez pour lui et pour nous.

Ainsi, de plus en plus, s'étendra votre domaine, et s'élargira votre tâche. L'État, qui vous doit aide et assistance, ne faillira pas à son devoir. Il multipliera les subventions, les missions, les encouragements de toute sorte. C'est vainement qu'on ira répétant que le culte des grandes choses se perd et que nous nous acheminons vers une forme de démocratie utilitaire, où il n'y aurait plus de place pour les spéculations désintéressées. Restons les pieux admirateurs des grandeurs du passé, sans dédaigner le présent. Ce n'est pas d'hier que la civilisation éclaire le monde ; mais ce n'est pas demain que s'éteindra son flambeau. Nous n'assisterons pas, sans une émotion mêlée de fierté, à cette fin d'un siècle qui se présentera, sans crainte, au jugement de la postérité. Vous y aurez vu, avec nous, l'histoire renouvelée, la poésie lyrique enrichie et assouplie, le théâtre,

le roman, l'éloquence, revêtant tour à tour les formes les plus diverses, la critique élargie et vivifiée, les études philologiques créées, pour ainsi dire, de toutes pièces, les arts rayonnant d'une gloire nouvelle, les sciences, enfin, dans leurs variétés sans nombre, justifiant le mot de Buffon, que « l'homme est né pour tout connaître; il ne lui faut que du temps pour tout savoir ».

Au milieu des orages de la vie politique, on perd souvent la vue claire des destinées de la patrie et de l'esprit français. Mais qu'on s'élève jusqu'aux hauteurs sereines, domaine pacifique de la pensée, de la raison et de la science, et l'on voit, avec un orgueil qui peut nous être commun à tous, le libre génie de la France poursuivre au-dessus de nos misères sa marche lente et sûre dans la lumière et dans le progrès.

IMPRIMERIE NATIONALE. — Juin 1889.